BEI GRIN MACHT SICH IHR WISSEN BEZAHLT

- Wir veröffentlichen Ihre Hausarbeit, Bachelor- und Masterarbeit

- Ihr eigenes eBook und Buch - weltweit in allen wichtigen Shops

- Verdienen Sie an jedem Verkauf

Jetzt bei www.GRIN.com hochladen und kostenlos publizieren

Bibliografische Information der Deutschen Nationalbibliothek:

Die Deutsche Bibliothek verzeichnet diese Publikation in der Deutschen National-
bibliografie; detaillierte bibliografische Daten sind im Internet über http://dnb.d-
nb.de/ abrufbar.

Impressum:

Copyright © 2016 GRIN Verlag, Open Publishing GmbH
Druck und Bindung: Books on Demand GmbH, Norderstedt Germany
ISBN: 9783668420939

Dieses Buch bei GRIN:

http://www.grin.com/de/e-book/355909/immobilienbewertung-eines-mehrfamili-
enhauses

Ansh Gurditta

Immobilienbewertung eines Mehrfamilienhauses

Hamburg-Barmbek

GRIN Verlag

Immobilienbewertung

Hausarbeit

Bewertung eines Mehrfamilienhauses

K U R Z G U T A C H T E N - ohne Innenbesichtigung -

**Über den Verkehrswert (Marktwert) i.S.d. § 194 Baugesetzbuch des im
Liegenschaftskatasters der Freie und Hansestadt Hamburg in der
Gemarkung Barmbek an dem mit
einem Mehrfamilienhaus bebauten Grundstück in
Hamburg Barmbek-Nord zum Wertermittlungsstichtag am
29. Februar 2015**

Bearbeiter: Ansh Gurditta

                       8. Semester - Immobilienmanagement B.A.

Abgabetermin: Freitag, 30. Juni 2016

Inhaltsverzeichnis

1 Allgemeine Angaben 1

1.1 Grundstück 1

1.2 Eigentümer 1

1.3 Auftraggeber 1

1.4 Zweck der Wertermittlung 1

1.5 Wertermittlungsstichtag 1

1.6 Tag der Ortsbesichtigung 1

1.7 Bewertungsunterlagen 1

2 Grundstücksbeschreibung 3

2.1 Grundbuch- und Katasterangaben 3

2.2 Rechte und Belastungen, Baulasten 3

2.3 Derzeitige Nutzung 3

2.4 Mietverhältnisse 3

2.5 Lage 5

2.6 Erschließungszustand 8

3 Baubeschreibung 9

3.1 Art, Zweckbestimmung und Baujahr der Baulichkeit 9

3.2 Rohbau 9

3.3 Ausbau 9

3.4 Außenanlagen 10

4 Grundsätze der Verkehrswertermittlung 11

4.1 Verkehrswertdefinition 11

4.2 Rechtsgrundlagen 11

4.3 Wahl des Wertermittlungsverfahrens 12

5 Ertragswertverfahren 13

5.1 Grundstücksreinertrag 13

5.2 Gebäudereinertrag 14

5.3 Gebäudeertragswert 15

5.4 Ertragswert 15

5.5 Zusammenfassung 16

1 Allgemeine Angaben

1.1 Grundstück

Art des Bewertungsobjektes: Mehrfamilienhaus mit 22 Einheiten

Adresse: Hamburg
Deutschland

Grundstücksgröße: 1399 qm

1.2 Eigentümer

Nicht bekannt

1.3 Auftraggeber

Herr A.F.

1.4 Zweck der Wertermittlung

Verkehrswertermittlung zum Zwecke der Hausarbeit

1.5 Wertermittlungsstichtag

Am 29. Februar 2015, dieses entspricht dem Qualitätsstichtag

1.6 Tag der Ortsbesichtigung

Es wurde am 29. Februar 2015 lediglich eine Außenbesichtigung des Objektes durchgeführt. Das Objekt selbst konnte dabei nicht von innen in Augenschein genommen werden

1.7 Bewertungsunterlagen

Der Auftraggeber hat für die Erstellung dieser Hausarbeit im Wesentlichen folgende Unterlagen zur Verfügung gestellt:

-   Auszug aus dem Immobilienmarktbericht 2014
-   Auszug aus dem Liegenschaftskataster
-   Baustufenplan aus dem Jahre 1957
-   Bodenrichtwerte
-   Mietaufstellung
-   Hamburger Mietenspiegel von 2013

Es wurden zur Erstellung der Hausarbeit keine weiteren Anfragen bei Ämtern und Behörden durchgeführt.

2 Grundstücksbeschreibung

2.1 Grundbuch- und Katasterangaben

Gemarkung Barmbek, Flurkarte X, Flurstück Y

Grundbuchdaten sind nicht bekannt

2.2 Rechte und Belastungen, Baulasten

Rechte, besondere Wohnungs- und Mietbindungen, Verunreinigungen (z.B. Altlasten) sowie Informationen zu Bombenblindgänger sind soweit aus den vorliegenden Informationen nicht bekannt.

2.3 Derzeitige Nutzung

Das Grundstück: Flurkarte X, Flurstück Y ist mit
einer 3-geschossigen Anlage bestehend aus 21 Wohneinheiten und 1 Gewerbefläche, verteilt auf 2 Hauseingänge bebaut.

2.4 Mietverhältnisse

Laut Mietaufstellung bestehen 22 Mietverhältnisse, davon 1 Gewerbemietverhältnis und 21 Wohnmietverhältnisse. Nach der Mietaufstellung sind alle Einheiten, bis auf 1 Einheit, vermietet.

Innerhalb der Hausarbeit wird den Mietverhältnissen unterstellt, dass diese keine Mietrückstellungen vorweisen, da keinerlei Informationen dazu vorhanden sind. Weitere Angaben zur Größe, der Monatsmiete und dem Vertragsbeginn sind der nachfolgenden Tabelle zu entnehmen.

Nutzung	Größe (m²)	Monatsmiete (EUR)	Monatsnetto kaltmiete (EUR/m²)	MV seit
Wohnen	54	leer	leer	leer
Wohnen	63	388	6,16	Mrz 00
Wohnen	99	733	7,40	Mrz 08
Wohnen	54	388	7,19	Feb 08
Wohnen	53	334	6,30	Okt 04
Wohnen	61	388	6,36	Jan 99
Wohnen	63	464	7,37	Jul 09
Wohnen	62	437	7,05	Mrz 06
Wohnen	55	421	7,65	Apr 09
Wohnen	53	399	7,53	Mrz 03
Laden	70	450	6,43	Feb 01
Wohnen	53	389	7,34	Apr 07
Wohnen	54	399	7,39	Mai 05
Wohnen	64	420	6,56	Feb 99
Wohnen	64	403	6,30	Nov 00
Wohnen	61	461	7,56	Mrz 09
Wohnen	64	470	7,34	Apr 08
Wohnen	50	329	6,58	Feb 07
Wohnen	64	415	6,48	Mrz 05
Wohnen	61	295	4,84	Apr 83
Wohnen	53	502	9,47	Feb 12
Wohnen	63	425	6,75	Jul 06
	1338	8910	6,66	

Tabelle 1: Mietaufstellung[1]

---

[1] Vom Auftraggeber zur Verfügung gestellte Mietaufstellung

2.5 Lage

<u>Makrolage</u>

Staat:	Bundesrepublik Deutschland
Bundesland:	Freie und Hansestadt Hamburg
Stadt:	Hamburg
Stadtbezirk:	Hamburg-Nord
Stadtteil:	Barmbek-Nord
Fläche:	755,3 km2 (Hamburg)
Einwohnerzahl:	ca. 1.810.000
Davon Stadtbezirk:	ca. 290.000
Davon Stadtteil:	ca. 40.000

Infrastruktur:

Bundesstraße: Hamburg wird von diversen Bundesstraßen durchquert: B4, B5, B73, B75, B431, B432, B433, B434, B435.

Wasserwege: Hamburg verfügt über eine Vielzahl von Wasserwegen. Auf der Elbe ist die nationale und internationale Binnenschifffahrt erschlossen. Der Überseehafen verbindet Hamburg mit allen Kontinenten.

Luftwege: Im Norden von Hamburg liegt der Flughafen Fuhlsbüttel, der Hamburg mit der Welt verbindet.

Bahnwege: Hamburg ist aus allen Richtungen mit schnellen InterCityExpress-, InterCity- und InterRegio-Zügen zu erreichen. Alle Bahnhöfe sind gut an das öffentliche Nahverkehrsnetz angebunden.

Öffentliches Nahverkehrsnetz: Das öffentliche Nahverkehrsnetz in der Freien und Hansestadt Hamburg ist gut ausgebaut. U/S-Bahnlinien sowie Buslinien sorgen für den ÖPNV.

Bildungsangebot:	Hamburg verfügt über ein gutes Bildungsangebot, das durch mehrere Universitäten, Fachhochschulen, künstlerische Hochschulen gestaltet wird.
Medizinische Versorgung:	Die Medizinische Versorgung ist sehr gut zu bezeichnen. Hamburg besitzt eine Vielzahl von Klinken, Krankenhäusern und Spezialkliniken.
Freizeitangebot:	Hamburg verfügt diverse kulturelle Einrichtungen, Museen, Theater, Kinos und Parks.

<u>Mikrolage</u>

Angrenzende Stadtteile:	Im Uhrzeigersinn (von Norden ausgehend) grenzt Barmbek-Nord an die Hamburger Stadtteile Ohlsdorf, Steilshoop, Bramfeld, Wandsbek, Dulsberg, Barmbek-Süd, Winterhude und Alsterdorf.
Parkmöglichkeiten:	Parkmöglichkeiten befinden sich beidseitig Straße, aber auch innerhalb der Nebenstraße
Einkaufsmöglich-Keiten:	Einkaufsmöglichkeiten durch Boutiquen und Einzelhandelsgeschäfte, sowie Restaurants, Supermärkte, und Banken befinden sich auch hier und sind fußläufig innerhalb von 10 Minuten zu erreichen. Seit 2014 machen Sanierungsarbeiten aus einer der ältesten und bekanntesten Einkaufsstraßen Hamburgs einen Einkaufsboulevard. Vielfältige Einkaufsmöglichkeiten auf der Fuhlsbüttler Straße rund um den Barmbeker Bahnhof machen diesen Stadtteil aus.
Bildungs-Einrichtungen:	Es befinden sich drei Schulen und drei Kindergärten im Umkreis von 700m des Bewertungsobjektes.
Medizinische Versorgung:	Allgemein- und Fachärzte sind in ausreichender Anzahl in zumutbarer Entfernung zu erreichen.

ÖPNV:
Entfernungen zu den Haltestellen des öffentlichen Nahverkehrs vom Bewertungsobjekt:

U/S- und Busbahnhof Barmbek ca. 950m Entfernung

Der Bahnhof Barmbek wird seit 2009 umgebaut. Auf der Fläche des ehemaligen Busbahnhofes am Bahnhof Barmbek wird nunmehr ein 15-stöckiges Bürogebäude errichtet. Das direkt östlich anschließende Kaufhaus wurde nach langem Leerstand infolge der Insolvenz der Hertie-Kette abgerissen. Hier soll ein eines Geschäftshaus als Eingang zur Fuhlsbüttler Straße entstehen.[2]

Busbahnhof ca. 180m Entfernung

Entfernung zum Hamburger Hauptbahnhof ca. 6km

Entfernung zum Flughafen Fuhlsbüttel ca. 8km

Autobahnen/

Bundesstraßen:
Anschluss zur naheliegenden Autobahn A24 über den Horner Kreisel Entfernung ca. 4km

Anschluss zur naheliegenden Bundesstraße B433 Entfernung ca. 7km

Immissionen:
Das Bewertungsobjekt liegt im Bereich einer zweispurigen Straße, die hauptsächlich durch Anliegerverkehr frequentiert wird. Lärm- oder Geruchsbelästigungen konnten am Ortstermin nicht wahrgenommen werden.

Freizeitangebot:
Eine Vielzahl von Veranstaltungen wie Theater, Musik, Tanzkurse, Literatur, Ausstellungen fördern das kulturelle Leben des Stadtteils. Auf dem Barmbeker Stichkanal und dem Osterbekkanal kann Kajak gefahren und gerudert werden.

Wohnlage:
normale Wohnlage

---

[2] http://www.hamburg.de/sehenswertes-barmbek-nord/

2.6 Erschließungszustand

Straßenart: zweispurige Straße mit
beidseitigen Gehwegen und Parkmöglichkeiten.

Straßenausbau: Die Straße verfügt über eine befestigte
Fahrbahn und die beidseitigen Gehwege sind mit
Gehwegplatten befestigt.

Aufwuchs: Auf dem Bewertungsgrundstück ist kein Aufwuchs
erkennbar.

3 Baubeschreibung

3.1 Art, Zweckbestimmung und Baujahr der Baulichkeit

Hinweis zur Objektbeschreibung. Dem Verfasser der Hausarbeit wurde kein Zugang zum Treppenhaus, zu den einzelnen Wohneinheiten, dem ausgebauten Dachgeschoss oder dem Keller gestattet/gewährt. Bei der folgenden Baubeschreibung handelt es sich um Erkenntnisse, die durch die Auskünfte des Auftraggebers erzielt wurden und von Außen erkennbar sind.

Art und Maß der

Tatsächlichen

Bauliche Nutzung: Vorhandene GFZ: Diese gibt an, wie viel Quadratmeter Geschossfläche je Quadratmeter Grundstücksfläche zulässig sind. Im vorliegenden Bewertungsfall beträgt die GFZ 1,25.

Zweckbestimmung: Das Rotklinker Mehrfamilienhaus verfügt über 22 Einheiten, darunter 21 Wohneinheiten und 1 Gewerbeeinheit. Darunter besitzt jede Wohneinheit, außer den Einheiten aus dem Dachgeschoss, jeweils einen Balkon. Das Gebäude ist unterteilt in KG, EG, 1. OG, 2. OG, 3. OG und DG. Die Gewerbeeinheit hat einen eigenen separaten Eingang. Bei der Dachkonstruktion handelt es sich um ein Satteldach, darunter wurden drei stehende Fenster zur Straßenseite mit einer Dachgaube verbaut.

Baujahr: ca. 1960 (geschätzt)

3.2 Rohbau

Nicht bekannt

3.3 Ausbau

Da das Dachgeschoss bereits ausgebaut wurde, wird in dieser Hausarbeit davon ausgegangen, dass ein weiterer Ausbau der Flächen nicht möglich ist.

3.4 Außenanlagen

Wegbefestigungen: Fußgängerzugang bzw. Zuwegung zum Hauseingang mit Gehwegplatten befestigt.

Umfriedung: Hecke bzw. Zaun vorhanden.

Versorgungs-

Anlagen: Abwasser, Telekommunikationsanschluss: Anschluss am öffentlichen Netz, Wasser, Elektroanschluss, Rundfunk und Fernsehempfang Kabelanschluss, Stellplatz für Mülltonnen.

4 Grundsätze der Verkehrswertermittlung

4.1 Verkehrswertdefinition

Nach § 194 BauGB wird der Verkehrswert (Marktwert) „durch den Preis bestimmt, der in dem Zeitpunkt, auf dem sich die Ermittlung bezieht, im gewöhnlichen Geschäftsverkehr nach den rechtlichen Gegebenheiten und tatsächlichen Eigenschaften, der sonstigen Beschaffenheit und der Lage des Grundstücks oder des sonstigen Gegenstands der Wertermittlung ohne Rücksicht auf ungewöhnliche oder persönliche Verhältnisse zu erzielen wäre."

Ziel jeder Verkehrswertermittlung ist es, einen möglichst marktkonformen Wert des Grundstücks (d.h. den wahrscheinlichsten Kaufpreis im nächsten Verkaufsfall) zu bestimmen.

Für die Ermittlung des Verkehrswerts von bebauten Grundstücken bilden das Vergleichswertverfahren, das Ertragswertverfahren und das Sachwertverfahren oder mehrere dieser Verfahren (§ 8 Abs. 1 Satz 1 ImmoWertV) die Grundlage. Die drei Wertermittlungsverfahren sind grundsätzlich gleichrangig. Das jeweils anzuwendende Verfahren ist nach Lage des Einzelfalls unter Berücksichtigung der im gewöhnlichen Geschäftsverkehr bestehenden Gepflogenheiten und den sonstigen Umständen des Einzelfalls, insbesondere der zur Verfügung stehenden Daten, auszuwählen. Werden mehrere der genannten Verfahren herangezogen, ist der Verkehrswert aus den jeweiligen Ergebnissen, entsprechend ihres Gewichtes und ihrer Aussagefähigkeit zu würdigen und angemessen zu berücksichtigen. Auch die Wahl des oder der Verfahren ist zu begründen (§ 8 Abs. 1 Satz 2 ImmoWertV).

4.2 Rechtsgrundlagen

BauGB: Baugesetzbuch i.d.F der Bekanntmachung vom 23. September 2004 (BGBI. I S 2414), zuletzt geändert durch Artikel 1 des Gesetzes vom 15. Juli 2014 (BGBI. I S. 954)

ImmoWertV: Verordnung über die Grundsätze für die Ermittlung der Verkehrswerte von Grundstücken – Immobilienvermittlungsverordnung – ImmoWertV vom 19. Mai 2010 (BGBl. I S. 639)

WertR: Wertermittlungsrichtlinien – Richtlinien für die Ermittlung der Verkehrswerte (Marktwerte) von Grundstücken in der Fassung vom 1. März 2006 (BAnz Nr. 108a vom 19. Juni 2006) einschließlich der Berichtigung vom 1. Juli 2006 (BAnz Nr. 121 S. 4798)

BGB: Bürgerliches Gesetzbuch vom 2. Januar 2002 (BGBl. I S. 42, 2909), das zuletzt durch Artikel 6 des Gesetzes vom 20. Oktober 2015 (BGBl. I S. 1722) geändert worden ist

4.3 Wahl des Wertermittlungsverfahrens

Im vorliegenden Bewertungsfall handelt es sich um ein Mehrfamilienhaus mit 21 Wohneinheiten und 1 Gewerbeeinheit, das vorwiegend ertragsorientiert genutzt wird. Deshalb kommt das Ertragswertverfahren vorrangig zur Anwendung.

Das Ertragswertverfahren steht für den Erwerb oder der Errichtung vergleichbarer Objekte, üblicherweise die zu erzielende Rendite (Wertsteigerung, Mieteinnahmen, steuerliche Abschreibung) im Vordergrund, so wird nach dem Auswahlkriterium, „Kaufpreisbildungsmechanismen im gewöhnlichen Geschäftsverkehr" das Ertragswertverfahren als vorrangig anzuwendendes Verfahren angesehen. Dies trifft für das hier zu bewertende Mehrfamilienhaus zu, da es als Renditeobjekt angesehen werden kann. Das Ertragswertverfahren (gemäß §§ 17- 20 ImmoWertV) ist durch die Verwendung des aus vielen Vergleichskaufpreisen abgeleiteten Liegenschaftszinssatzes (Reinerträge: Kaufpreise) ein Preisvergleich, in dem vorrangig die in dieses Bewertungsmodell eingeführten Einflussgrößen (insbesondere Mieten, Restnutzungsdauer, Zustandsbesonderheiten) die Wertbildung und die Wertunterschiede bewirken.

5 Ertragswertverfahren

5.1 Grundstücksreinertrag

Nr	Nutzung	QM	Mietbeginn	Ist NKM/QM	Soll NKM/QM	Rohertrag NKM
1	Wohnen	54	Neu	10,00 €	10,00 €	540,00 €
2	Wohnen	63	Mrz 00	6,16 €	6,52 €	410,76 €
3	Wohnen	99	Mrz 08	7,40 €	7,40 €	732,60 €
4	Wohnen	54	Feb 08	7,19 €	7,19 €	388,26 €
5	Wohnen	53	Okt 04	6,30 €	6,52 €	345,56 €
6	Wohnen	61	Jan 99	6,36 €	6,52 €	397,72 €
7	Wohnen	63	Jul 09	7,37 €	7,37 €	464,31 €
8	Wohnen	62	Mrz 06	7,05 €	7,05 €	437,10 €
9	Wohnen	55	Apr 09	7,65 €	7,65 €	420,75 €
10	Wohnen	53	Mrz 03	7,53 €	7,53 €	399,09 €
11	Laden	70	Feb 01	6,43 €	6,43 €	450,10 €
12	Wohnen	53	Apr 07	7,34 €	7,34 €	389,02 €
13	Wohnen	54	Mai 05	7,39 €	7,39 €	399,06 €
14	Wohnen	64	Feb 99	6,56 €	6,56 €	419,84 €
15	Wohnen	64	Nov 00	6,30 €	6,52 €	417,28 €
16	Wohnen	61	Mrz 09	7,56 €	7,56 €	461,16 €
17	Wohnen	64	Apr 08	7,34 €	7,34 €	469,76 €
18	Wohnen	50	Feb 07	6,58 €	6,58 €	329,00 €
19	Wohnen	64	Mrz 05	6,48 €	6,52 €	417,28 €
20	Wohnen	61	Apr 83	4,84 €	5,57 €	339,53 €
21	Wohnen	53	Feb 12	9,47 €	9,47 €	501,91 €
22	Wohnen	63	Jul 06	6,75 €	6,75 €	425,25 €
		1338		156,05 €	157,78 €	9.555,34 €
						114.664,03 €

Gesamter Jahresrohertrag von 114.664,03 € ist fiktiv (unter Berücksichtigung der eingeschätzten nachhaltig erzielbaren Miete sowie einer vollständigen Immobilienvermietung).

Hinweis zu der Mieterliste: Wohnung Nr. 1 wird eine Neuvermietung mit einer Nettokaltmiete pro Quadratmeter von 10 € unterstellt, da Wohnung Nr. 21 bereits im Februar 2012 mit 9,47 € pro Quadratmeter vermietet wurde. Die Nettokaltmieten der Flächen innerhalb der Mieterliste machen deutlich, dass die Miethöhe in Abhängigkeit zum Mietbeginn steht. Der Mietenspiegel 2013 gibt eine Nettokaltmiete von 6,52 € pro Quadratmeter her, weshalb die Soll-Miete pro Quadratmeter auf 6,52 € erhöht wurde, bezogen auf die Flächen, die unterhalb des Wertes liegen. Vorausgesetzt es findet keine Erhöhung von über 15 % statt. Wohnung Nr. 20 wurde ausschließlich um 15 % erhöht und erreicht eine Nettokaltmiete von 4,84 € auf 5,57 € pro Quadratmeter. Die Wuchergrenze (Mietzins 50 % über Mietenspiegel) wurde ebenfalls berücksichtigt.

Bewirtschaftungskosten Gesamt	Verteilungsschlüssel	
Rohertrag		114.664,03
Mietausfallwagnis	2 % des Rohertrages	2.293,28 €
Verwaltungskosten	250€ pro Einheit	5.500,00 €
Instandhaltungskosten	8€ pro Qm Wohn- und Nutzfläche	10.704,00 €
		18.497,28 €

Grundstücksreinertrag		
	Rohertrag	114.664,03 €
	-	-
	Bewirtschaftungskosten Gesamt	18.497,28 €
	=	=
		96.166,75 €

5.2 Gebäudereinertrag

Bodenwert		
Bodenrichtwert zum Stichtag 31.12.2014	Bodenrichtwert 837,43€/Qm bei WGFZ von 1,25 = 809,97 €/Qm = 810€/Qm	
Bodenrichtwert x Grundstücksgröße	810€/Qm x 1.399Qm	1.133.190,00 €

Bodenwertverzinsung		
Bodenwert x Liegenschaftszinssatz (hier 3,5 %)	1.133.190 x 0,035	39.661,65 €

Hinweis zum Liegenschaftszinssatz: Dieser beträgt laut dem Immobilienmarktbericht Hamburg von 2014 zwischen 3,4 % und 3,7 %. Der Verfasser dieser Hausarbeit hat zur weiteren Berechnung den Liegenschaftszinssatz von 3,5 % gewählt.

Gebäudereinertrag		
	Grundstücksreinertrag	96.166,75 €
	-	-
	Bodenwertverzinsung	39.661,65 €
	=	=
		56.505,10 €

5.3 Gebäudeertragswert

Vervielfältiger		
Liegenschaftszinssatz 3,5 %		
Gesamtnutzungsdauer 80 Jahre		
Gebäudealter 55 Jahre		
rechnerische Restnutzungsdauer 25 Jahre		
eingeschätzte wirtschaftliche Restnutzungsdauer 30 Jahre		
$V = (q^n - 1) / (q^n \times i)$	$(1{,}035^{30} - 1) / (1{,}035^{30} \times 0{,}035)$	18,39

Einschätzung der wirtschaftlichen Restnutzungsdauer: Das Mehrfamilienhaus wurde geschätzt ca. 1960 erbaut. Das Gebäude (besichtigter Bereich) befindet sich in einem visuell guten Zustand, begründet durch die vermutlich durchgeführten Instandsetzungs- und Modernisierungsmaßnahmen, weshalb der bauliche Zustand mit Gut zu bewerten ist. Dringlicher Instandsetzungsbedarf ist nicht erkennbar. Es wird eine wirtschaftliche Restnutzungsdauer von 30 Jahren eingeschätzt, unter Voraussetzung der weiteren ordnungsgemäßen Bewirtschaftung und Instandhaltung.

Gebäudeertragswert		
	Gebäudereinertrag	56.505,10 €
	x	x
	Vervielfältiger	18,39 €
	=	=
		1.039.128,79 €

5.4 Ertragswert

Ertragswert		
	Gebäudeertragswert	1.039.128,79 €
	+	+
	Bodenwert	1.133.190,00 €
	=	=
		2.172.318,79 €
	(gerundet)	2.170.000,00 €

5.5 Zusammenfassung

Rohertrag p.a.	114.664,03 €
Bewirtschaftungskosten	- 18.497,28 €
Grundstücksreinertrag	= 96.166,75 €
Bodenwertverzinsung (1.133.190 € x 3,5 %)	- 39.661,65 €
Gebäudereinertrag	= 56.505,10 €
Restnutzungsdauer	30 Jahre
Vervielfältiger	x 18,39
Gebäudeertragswert	= 1.039.128,79 €
Bodenwert	+ 1.133.190 €
Vorläufiger Ertragswert	2.172.318,79 €
Ertragswert (Verkehrswert) rd.	**2.170.000 €**